BEI GRIN MACHT SICH IHR WISSEN BEZAHLT

- Wir veröffentlichen Ihre Hausarbeit, Bachelor- und Masterarbeit

- Ihr eigenes eBook und Buch - weltweit in allen wichtigen Shops

- Verdienen Sie an jedem Verkauf

Jetzt bei www.GRIN.com hochladen und kostenlos publizieren

Anonym

Auswirkungen der Ausweitung des Anbaus von Biokraftstoffen auf die Teller-Trog-Tank-Problematik

Erklärungs- und Kritikansatz der Green Economy am Beispiel der Biokraftstoffe

GRIN Verlag

Bibliografische Information der Deutschen Nationalbibliothek:

Die Deutsche Bibliothek verzeichnet diese Publikation in der Deutschen National-
bibliografie; detaillierte bibliografische Daten sind im Internet über http://dnb.d-
nb.de/ abrufbar.

Impressum:

Copyright © 2012 GRIN Verlag GmbH
Druck und Bindung: Books on Demand GmbH, Norderstedt Germany
ISBN: 978-3-656-43561-7

Dieses Buch bei GRIN:

http://www.grin.com/de/e-book/215098/auswirkungen-der-ausweitung-des-anbaus-
von-biokraftstoffen-auf-die-teller-trog-tank-problematik

GRIN - Your knowledge has value

Der GRIN Verlag publiziert seit 1998 wissenschaftliche Arbeiten von Studenten, Hochschullehrern und anderen Akademikern als eBook und gedrucktes Buch. Die Verlagswebsite www.grin.com ist die ideale Plattform zur Veröffentlichung von Hausarbeiten, Abschlussarbeiten, wissenschaftlichen Aufsätzen, Dissertationen und Fachbüchern.

Besuchen Sie uns im Internet:

http://www.grin.com/

http://www.facebook.com/grincom

http://www.twitter.com/grin_com

Fachbereich 03/Gesellschaftswissenschaften

Einführung in die politische Ökonomie der Entwicklung am Beispiel Nordafrikas

Institut für Humangeographie
Master: Geographien der Globalisierung

Fachsemester:3

Abgabe: 15.04.2013

„Die „Entdeckung" des Konzeptes der Nachhaltigkeit ist vergleichbar mit dem Aufkommen der Idee der Aufklärung seit dem 17. Jahrhundert. Beide Konzepte verlangen letztendlich nach einer umfassenden Neuordnung der Gesellschaften, in der sie entstanden sind" (Messer 2012: 2).

Inhaltsverzeichnis

1. Einleitung

Im Rahmen der im zweiten Fachsemester stattfindenden Veranstaltung „Teller, Trog oder Tank? Ernährungssicherung und der globale Wettlauf um Agrarland" des Master-Studienganges „Geographien der Globalisierung-Märkte und Metropolen" der Goethe-Universität Frankfurt wurde im Sommersemester 2012 eine Präsentation für die Teilnehmer des Seminars mit dem Titel „Biokraftstoffe - Trägt eine Ausweitung des Anbaus von Biokraftstoffen, insbesondere Jatropha, zu einer Verminderung oder einer Verstärkung der Teller-Trog-Tank-Problematik bei?". Diese Präsentation möchte ich in dieser Seminararbeit in veränderter Form schriftlich ausarbeiten, wobei nicht explizit auf Jatropha eingegangen wird.

Nachdem kurz Biokraftstoffe und deren weltweite Entwicklung (-stendenzen) erläutert werden, folgt eine Beschreibung der Zusammenhänge und Problemfelder zwischen dem vermehrten Anbau von Biokraftstoffen und dem Nahrungs- und Futtermittelanbau, was oftmals mit der einfachen Fragestellung „Tank, Teller oder Trog?" umschrieben wird. Im Anschluss wird auf die Green Economy und die Kritik an dieser eingegangen und Biokraftstoffe als Beispiel der Debatte um Green Economy genutzt. Schließlich möchte in der Zusammenfassung bzw. im Ausblick die Fragestellung der vorliegenden Seminararbeit beantwortet und auf mögliche Lösungsansätze eingegangen werden.

Die Zahl der Hungernden betrug nach Schätzungen der FAO 2010 weltweit ca. 925 Millionen Menschen (FAO 2010: 1; BMZ 2012: 12). „Ernährungssicherung bleibt somit eine der größten Herausforderungen unserer Zeit. Aber neben Nahrungs- und Futtermitteln wird auch Biomasse - sowohl zur stofflichen [...] als auch zur energetischen Nutzung [...] - vermehrt nachgefragt" (BMZ 2012: 11) und die verschiedenen Nutzungsinteressenten „stehen im wachsenden Wettbewerb um die knapper werdenden Landressourcen" (BMZ 2012: 11). Das anhaltende Bevölkerungswachstum, die Ausdehnung von Siedlungsflächen, Urbanisierung, anhaltende Flächenversiegelung, nicht nachhaltige Ackerbewirtschaftung, Überweidung, Dürre und Desertifikation und schon erkennbare Folgen des Klimawandels verstärken den Druck auf den Produktionsfaktor Boden (BMZ 2012: 11). Der Trend des „Land-Grabbing" gerät immer mehr in die Aufmerksamkeit der breiten Öffentlichkeit: Ausländische aber durchaus auch inländische Investoren pachten Agrarland, um darauf nicht nur Nahrungs- sondern auch Futtermittel oder Energiepflanzen anbauen zu können. José Graziano da Silva, der Generaldirektor der Ernährungs- und Landwirtschaftsorganisation der Vereinten Nationen (FAO) „wies auf die verstärkte Konkurrenz zwischen Nahrungsmittel- und Treibstoffproduzenten [...] hin" (bpb 2012). Durch schlechte Ernten könnte diese verschärft werden und eine drastische Preissteigerung, oder sogar die Gefahr, die Ernährungssicherung nicht gewährleisten zu können, die Folge sein.

Green Economy, thematischer Mittelpunkt des im Juni 2012 stattgefundenen und als „gescheitert" geltenden Erdgipfels „Rio+20" bezeichnet „die Förderung einer ökologischen Wirtschaftsweise (Green Economy) als Grundlage für nachhaltige Entwicklung und Armutsbekämpfung" (BMZ 2012b), bei der ökologische Interessen und wirtschaftliches

Wachstum vereinbart werden können. Der Ansatz der Green Economy gilt als umstritten, weil viele Entwicklungsländer fürchten, dass eine „ökologische Umgestaltung der Wirtschaft ein Deckmantel für protektonische Beschränkungen internationalen Handels wird, die die Ungleichheit zwischen reichen und armen Ländern zementiert und die Entwicklung behindert" (Brandi 2012: 1).

Erscheint es somit sinnvoll, Land im globalen Süden zu pachten, um darauf Biokraftstoffe anzupflanzen, mit dem Ziel den weltweiten CO_2- Ausstoß zu reduzieren, dadurch aber die weltweite Ernährungssicherung zu gefährden, unter der dann arme Länder des globalen Südens am ehesten zu leiden haben? Trägt eine Ausweitung des Anbaus von Biokraftstoffen zu einer Verminderung oder einer Verstärkung der „Teller-Trog-Tank-Problematik" bei?

2. Biokraftstoffe

2.1. Was sind Biokraftstoffe?

Biokraftstoffe (*biofuels*), werden definiert als „erneuerbare Energieträger, die aus Biomasse gewonnen werden und entweder flüssiger oder gasförmiger Natur sind" (Bühler 2010). Sie werden zur Kraft- und Wärmegewinnung genutzt, aber hauptsächlich in Verbrennungsmotoren im Transportsektor eingesetzt (BMZ 2011: 8).

Der Begriff Biokraftstoffe impliziert nur, dass sie aus Biomasse gewonnen werden und nicht, „dass es sich per se um umweltschonende („grüne") Kraftstoffe handelt" (BMZ 2011: 8). Oftmals findet man daher in Publikationen auch die Bezeichnung der Agrarkraftstoffe (Hönicke & Meischner 2009: 4), deren Wortwahl auf die ökologischen, sozialen und auch wirtschaftlichen Folgen des Anbaus von Energiepflanzen hinweisen möchte. Es soll vermieden werden, dass mit dem Begriff Biokraftstoff der Eindruck eine nachhaltige Produktion verbunden wird (Hönicke & Meischner 2009: 4). Im folgenden Verlauf wird aber, wie auch schon in der Einleitung, der Begriff der Biokraftstoffe als gängig angesehen und weiterhin verwendet.

Oftmals ist auch der Begriff der Energiepflanzen vorzufinden. Diese Bezeichnung benennt Agrarprodukte, die der Energiegewinnung dienen und impliziert daher nicht explizit die Nutzung als Biokraftstoffe (bpd 2012).

Bioenergie umfasst sämtliche feste, flüssige und gasförmige Energieträger, die sowohl aus Holz, landwirtschaftlichen Nutzpflanzen und organischen Rest- und Abfallstoffen bestehen können, und daher machen Biokraftstoffe nur einen klein Teil der gesamten Bioenergie aus (BMZ 2011: 8).

Man unterteilt Biokraftstoffe in die 1., 2. (Bühler 2010: 22) und 3. Generation (BMZ 2011: 8). Bei Biokraftstoffen der 1. Generation handelt es sich um flüssige Kraftstoffe aus öl- und stärkehaltigen Pflanzen (BMZ 2011: 8). Beispiele sind „Bioäthanol auf der Basis von Zuckerrohr, Getreide und Zuckerrüben, sowie Biodiesel aus Ölpalmen, Raps, Soja und weiteren Ölpflanzen" (BMZ 2011: 8). Dabei wird nur ein „bestimmter Inhaltsstoff der Pflanzen wie Stärke, Zucker oder Öl verwertet" (Hönicke & Meischner 2009: 7). Die Technologie dieser Biokraftstoffe ist erprobt und daher stellen die Biokraftstoffe der 1. Generation die bisher einzigen breit eingesetzten Energieträger dar (BMZ 2011: 8).

„Biokraftstoffe der 2. Generation sind flüssige und gasförmige Kraftstoffe auf der Basis von Lignozellulose" (BMZ 2011: 8). Hierbei wird aus fester Biomasse wie z.B. Holz, holzartigen Abfällen oder auch Gräsern reiner Biokraftstoff synthetisiert, wobei zwischen BtL (Biomass-to-Liquid) und GtL (Gas-to-Liquid) unterschieden wird (BMZ 2011: 8; Hönicke & Meischner 2009: 7). Die Herstellung dieser Kraftstoffe geschieht mittels aufwendiger Verfahren (Hönicke & Meischner 2009: 7) und daher stellen Biokraftstoffe der 2. Generation aufgrund der „technischen Anforderung keine Option für den breiten Einsatz in Entwicklungsländern" (BMZ 2011: 8) dar und gelten noch nicht als marktreif (BMZ 2011: 8). Die noch in der Erprobung bzw. Forschung befindlichen Technologien sollen in

Zukunft ermöglichen, dass bei der Herstellung von Biokraftstoffen auch die anfallenden Rest- und Abfallstoffe verwendet werden und damit die Nutzung von Biomasse effizienter gestaltet werden kann (Bühler 2010: 23).

Aus Algen und anderen photosynthetisierenden Mikroorganismen werden Biokraftstoffe der 3. Generation gewonnen. Deren Entwicklung steht noch am Anfang und ist hier daher nicht weiter erwähnenswert (BMZ 2011: 8).

2.2. Weltweite Entwicklung (-stendenzen) der Biokraftstoffe

Im Gegensatz zu fossilen Brennstoffen stoßen Biokraftstoffe wie z.B. Bioäthanol und Biodiesel bei ihrer Verbrennung lediglich nur „die Menge an CO_2 aus, die die Pflanzen im Laufe ihres Wachstums aufgenommen haben" (bpb 2008). Daher erscheinen sie im „Kampf gegen den Klimawandel" als attraktiv, und dies insbesondere im Einsatz im Transportsektor, der schließlich ca. 14 Prozent der globalen Treibhausgasemissionen verursacht (bpb 2008). Die „Rolle von Bioenergie bzw. Biokraftstoffen wird im Rahmen eines nachhaltigen weltweiten Energiesystems" sowohl national als auch global immer stärker betont (Fritsche et al 2005: 2), und die Biokraftstoffproduktion hat in den letzten Jahren weltweit zugenommen" (BMZ 2011: 8). Es steigt die Anzahl von Energieinvestoren, die Flächen in Entwicklungsländern mit dem Ziel erwerben, „großflächig Energiepflanzen und schnell wachsende Baumarten für die nationalen und internationalen Bioenergiemärkte anzubauen" (BMZ 2012: 13). „Vielerorts vorhandene Beimischungsquoten für Agrartreibstoffe, etwa die Richtlinie der Europäischen Union (EU) zur Förderung der Erneuerbaren Energien (2009/28/EG), steigende Ölpreise, sowie die Ausstiegsbestrebungen aus der Atomenergie bieten zusätzliche Anreize, Investitionen in den Anbau von Energiepflanzen bzw. Biokraftstoffe zu tätigen" (BMZ 2012: 13). So machen Biokraftstoffe „derzeit ca. 3 Prozent des weltweiten Kraftstoffverbrauchs im Transportsektor aus" (BMZ 2011: 8). Die Produktion von Biodiesel hat sich in den Jahren 2006 bis 2010 fast verdreifacht (bpb 2012), die Bioäthanolproduktion verdoppelt (BMZ 2011: 8), siehe dazu Abb. 1. Laut der Bundeszentrale für poltische Bildung werden derzeit mehr als fünf Prozent der globalen Getreideernten dazu genutzt, Biokraftstoffe herzustellen (bpb 2012). 2011 wurden rund 2,28 Millionen Hektar Agrarfläche für den Anbau von Energiepflanzen genutzt, was ungefähr 19 Prozent der vorhandenen Ackerflächen ausmacht (bpb 2012).

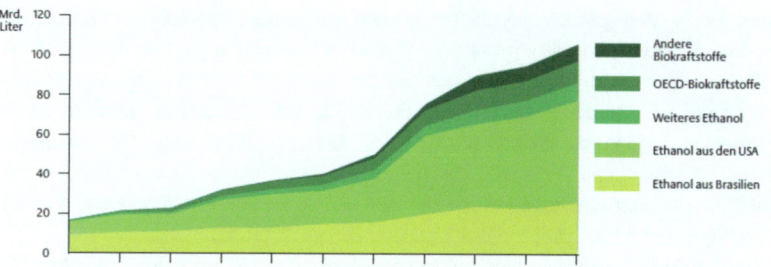

Abb.1: Globale Biokraftstoffproduktion in den Jahren 200 bis 2010 (IEA (2010) zit. n. BMZ 2011: 8).

7

Bis zum Jahr 2021 soll sich die weltweite Produktion von Bioäthanol beinahe verdoppeln und bei 180 Mrd. Liter liegen, wobei die Hauptproduktionsländer weiterhin die USA, Brasilien und die Europäische Union darstellen werden (ama 2012: 1). Biodiesel soll ebenso bis zum Jahr 2012 eine Verdopplung des Volumens erfahren und bei 42 Mrd. Liter im Jahr liegen (ama 2012: 1). Grund dafür sind, wie schon oben erwähnt, gesetzliche Rahmenbedingungen wie die Richtlinie der Europäischen Union (EU) zur Förderung der Erneuerbaren Energien (2009/28/EG), oder z.b. die in der USA geltende Richtlinie Renewable Fuel Standard (RFS2) (ama 2012: 1).

3. Biokraftstoffe und die „Tank, Teller oder Trog"-Problematik

Die Zahl der Hungernden betrug nach Schätzungen der FAO 2010 weltweit ca. 925 Millionen Menschen (FAO 2010: 1; BMZ 2012: 12). „Ernährungssicherung bleibt somit eine der größten Herausforderungen unserer Zeit" (BMZ 2012: 11). Ernährungsexperten „gehen davon aus, dass die jährlich weltweit geerntete Getreidemenge von 1,0 Mrd. Tonnen ausreichen würde, um jeden der 6,1 Mrd. Erdenbürger mit der WHO-Mindestration von 2250 kcal zu versorgen" (Fraunholz & Pulla 2008: 64). Die Problematik besteht aber darin, dass weltweit ungefähr 40 Prozent der Getreideernte an Tiere verfüttert wird (Fraunholz & Pulla 2008: 64) und somit als reines Futtermittel dient. Dabei ist weniger das anhaltende Bevölkerungswachstum, sondern der Wandel der Ernährungsweise, wie z.b. der steigende Verzehr von Milch- und Fleischprodukten in Schwellenländern wie China oder Indien der Grund für die Erhöhung des Bedarfs an zu bepflanzender Landfläche (Exner 2011: 15). So werden im globalen Süden eiweißreiche Futtermittel wie z.b. Sojabohnen in großen Mengen angebaut, um sie direkt in Industrieländer für deren Tierproduktion zu exportieren. Folglich steht das angebaute Produkt der lokalen Nahrungsmittelversorgung nicht mehr zur Verfügung, das Produktionsgut Boden wird nur geringfügig für lokale Bedürfnisse genutzt; Tendenz steigend.

Aber nicht nur für die Nutzung als Nahrungs- und Futtermittel wird Biomasse angebaut, sondern auch zur stofflichen (z.B. Baumwolle für Kleidung) und zur energetischen Verwertung (z.B. Mais für Biokraftstoff) (BMZ 2012: 11). Auf die stoffliche Verwertung wird in dieser Arbeit nicht weiter eingegangen, da eine genaue Betrachtung der energetischen Nutzung angestrebt wird.

Gründe für die ansteigenden Investitionen in Land, um darauf Energiepflanzen anzubauen sind, dass Biokraftstoffe „als ein wichtiger Pfeiler zur Erreichung globaler Klimaziele und langfristiger Energiesicherheit angesehen" werden (BMZ 20111: 4). Investitionen in Land zu energetischen Nutzung können zur Steigerung von Einkommen und zu einem verbesserten Zugang zu Energie führen (BMZ 2011: 4). Nach Peak Oil wird immer weniger auf organische Bestände, die in der Vergangenheit akkumuliert worden sind (fossile Ressourcen) zugegriffen werden können und so wird die Nachfrage nach Energie in Zukunft vermehrt über die Landfläche gedeckt (Exner 2011: 15).

Ein Zusammenhang zwischen dem Anbau von Pflanzen zur Nutzung als Futtermittel oder als Energiepflanze kann wie folgt beschrieben werden:

Wenn z.B. Mais verstärkt für die Produktion von Äthanol angebaut wird, ist das Pflanzenprodukt in geringeren Mengen für die Nahrungs- als auch für die Futtermittelnutzung verfügbar. Es wird verstärkt nach Ersatzpflanzen wie Weizen oder Soja nachgefragt, die wiederum sowohl als Nahrungs-, Futtermittel oder als Energiepflanze genutzt werden können. Die Preise aller drei Pflanzen steigen an. Dabei steigen nicht nur die Preise der Produkte als Rohstoff für die notwendige Ernährung, sondern durch die Verteuerung der Pflanzen als Futtermittel kommt es folglich auch zu einer Preissteigerung von Milch- und Fleischprodukten.

Dem Anbau von Pflanzen nur zu energetischen Nutzung wird vorgeworfen, die Landflächen für den notwendigen Anbau von Nahrungsmitteln zu belegen und dadurch die Preise derer in die Höhe zu treiben. So haben sich die Preise von Weizen, Reis und Mais allein zwischen 2005 und 2008 verdreifacht (RHZ 2012). Seit Anfang Juni diesen Jahres (2012) hat sich der „Weizenpreis um 32 Prozent auf 330 US-Dollar je Tonne erhöht" (RHZ 2012). Bei Beibehaltung der momentanen Förderpolitiken für Biokraftstoffe sehen Experten weitere „Preissteigerungen von 3 Prozent bis 13 Prozent für Getreide und von 6 Prozent bis 30 Prozent für Ölsaaten voraus" (BMZ 2011: 10).

Action Aid schätzt, dass allein die Unternehmen der EU bisher mindestens 5 Mio. ha in Entwicklungsländern für die biogene Kraftstoffproduktion akquiriert haben. 2020 könnte diese Fläche bei Einhaltung des EU-Zieles, 10 Prozent der Transportenergie aus erneuerbaren Quellen zu gewinnen, schon bei 17,5 Mio. ha liegen (Exner 2011: 8).

Dabei sind von den 925 Millionen hungernden Menschen weltweit etwa 50 Prozent „Kleinbauern in Entwicklungsländern, die selbst Lebensmittel erzeugen. Theoretisch könnten die Bauern vom weltweiten Preisanstieg der Energiepflanzen ja profitieren, aber viele von ihnen müssen einen Großteil ihres Getreides direkt nach der Ernte, dann wenn der Preis niedrig ist, wieder weiter verkaufen, da sie z.B. die Ware nicht sachgerecht lagern können. Im weiteren Verlauf des Jahres müssen sie sich dann das Getreide wieder kaufen, dies aber „zu saisonal höheren Preisen" (RHZ 2012).

Die Preise für Lebensmittel werden unberechenbarer und sprunghafter (Volatilität (Hönicke & Meischner 2009: 5))" (RHZ 2012), und viele sehen den Grund dafür in der Konkurrenz zwischen Tank (Biokraftstoffe), Teller (Nahrungsmittel) und Trog (Futtermittel). „Es ist mittlerweile unumstritten, dass die zusätzliche Nachfrage nach Agrarrohstoffen durch entsprechende Förderpolitiken in den USA und in der EU, gepaart mit anderen Faktoren (Ernteausfälle, Finanzspekulation, Klimawandel) bereits zur Agrarpreissteigerung beigetragen hat (BMZ 2011: 10), denn „durch die Produktion von Biosprit aus Mais, Raps oder Zucker rückten der Energie- und Lebensmittelmarkt zusammen. Steigt der Erdölpreis, wächst die Nachfrage nach Sprit vom Acker. Felder werden nicht mehr für Essen, sondern für Energie bepflanzt" (RHZ 2012).

Das Bundesministerium für wirtschaftliche Zusammenarbeit und Entwicklung versichert, dass „die Sicherung einer ausreichenden Ernährung [...] im Konfliktfall immer Vorrang vor zusätzlichen Beitragen für eine nachhaltige Energieversorgung" besitzt (BMZ 2011: 3).

Viele Experten plädieren aber dafür, dass es zu einem sofortigem Ende der Subventionen für Biosprit kommen soll und das eine „Abkehr von E10-Beimischung im Benzin in der EU eingeläutet und eine ganz klare „Food First Politik" durchgesetzt werden sollte" (RHZ 2012).

Durch die Fokussierung auf die soeben genannten Aspekte gehen weitere wichtige Auswirkungen des Anbaus von Energiepflanzen und dem damit oftmals verbundenen „Landgrabbing" verloren: Um neue Nutzflächen zu schaffen kann es zur Abholzung von Regenwälder und zur Zerstörung von Feuchtgebieten oder für die Biodiversität wichtigen Habitaten kommen. Durch die Übernutzung der Ackerflächen, Düngung mit Chemikalien etc. werden die Böden oftmals unfruchtbar; Desertifikation kann stattfinden und die Böden somit für Folgejahren brach legen. Zu beachten ist zudem, dass die aktuelle Landnahme als Teil einer Kommerzialisierung von Land angesehen wird, die „nicht nur landwirtschaftliche Produktion, sondern auch Tourismus und Bergbau umfasst" (nach Taylor et Bending 2009; Zoomers 2010; Huggins 2011; zit. n. Exner 2011: 16).

4. Green Economy

4.1. Was versteht man unter Green Economy?

Mit der Green Economy möchte das Zeitalter beendet werden, in der eine „Investitions- und Wirtschaftskultur vorherrschte, die daran scheiterte Ziele einer nachhaltigen Entwicklung zu erfüllen, und stattdessen soziale und ökologische Risiken erhöhte" (UNEP 2009a, zit. n. Öfse 2010: 53).

Die Green Economy wird getragen von dem Glauben an die Vereinbarkeit von ökologischen Interessen (Nachhaltigkeit) und wirtschaftlichem Wachstum, was gemeinsam zu einer nachhaltigen Entwicklung führen soll (Fairhead et al. 2012; Scholz 2012). Die Idee dieser Vereinbarkeit existiert schon seit ca. den 1980ern und setzt sich in der Idee von nachhaltiger Entwicklung fest (Bakker 2010). Es soll zu einem Umbau von der herkömmlichen zur ökologisch und sozial optimierten Volkswirtschaft kommen (eine „ „grüne" Transformation der Wirtschaft" (Brandi 2012: 1)), die Weltwirtschaft soll grüner und gerechter gestaltet werden (Brandi 2012: 1). Nicht zuletzt soll durch diesen Wandel eine Möglichkeit zur Bekämpfung der Klimakatastrophe gegeben werden (Brandi 2012: 1) und stellt daher eine globalgesellschaftliche Aufgabe dar (GIZ 2012). Bei der Green Economy wird versucht, Ressourcenverbrauch und das weiter fortschreitende Wirtschaftswachstum voneinander zu entkoppeln, und zu verdeutlichen dass sich „nicht nur diejenigen Länder, die bereits reich sind, den Luxus einer ökologisch nachhaltigen Wirtschaft leisten können" (Scholz 2012: 1). Somit kann die Green Economy „verstanden werden, als eine Art des Wirtschaftens, das kohlenstoffarm, ressourceneffizient und sozial umfassend ist" (UNEP 2009a, zit. n. Öfse 2010: 53).

Es handelt sich um eine Neoliberalisierung der Natur bzw. Liberalisierung von Umweltgütern (Brandi 2012: 1). Natur wird als Ware, eine Ressource oder auch als ein Ökosystem-Service angesehen (Bakker 2010; Fairhead et al. 2012). Der Wert der Natur ergibt sich aus dem globalen Diskurs über sie. Betrachtet werden muss also die

Beziehung zwischen der wirtschaftlich-politischen Welt, die diese diskursiven Waren produziert, und dem Funktionieren von Märkten mit ihren Effekten auf landwirtschaftliche Settings (Fairhead et al. 2012). Es findet somit ein „Greening" des Kapitalismus statt, das zu einer Vereinbarung der Ziele von ökonomischem Wachstum, Effizienz und Umweltschutz führen soll, und auch, wie schon oben erwähnt, für Länder des globalen Südens möglich sein soll. Somit wird „der Umbau von einer herkömmlichen zu einer ökologisch und sozial optimierten Volkswirtschaft, bei der natürlichen Ressourcen ein ökonomischer Wert zugeordnet wird zum entscheidenden Paradigma der kommenden Jahrzehnte" (GIZ 2012).

Durch das neoliberale „Greening" werden Biokraftstoffe gepusht und eine Vision der „Defossilisierung" der Gesellschaft in Zusammenhang mit einer ökologischen Modernisierung der Gesellschaft und Wirtschaft aufgezeigt. Biokraftstoffen wurde ihre erhöhte Klimafreundlichkeit gegenüber ihren fossilen Konkurrenten nachgewiesen, gelten somit als „klimaneutraler Treibstoff" und das mit deren Anbau oftmals verbundene „Land-Grabbing" wird legitimiert. Erst durch die offensichtliche Nahrungsmittelknappheit kam es – auch in der Öffentlichkeit - zu einer Diskursverschiebung über Green Economy und die Herstellung von Biokraftstoffen (Widengard 2011): Deren Herstellung und Nutzen werden hinterfragt. Vorkommnisse wie die z.b. die Tortilla-Krise 2007 in Mexiko trugen den Diskurs erstmals „medienwirksam" in die Öffentlichkeit.

4.2. Kritik an der Green Economy

Gegner kritisieren die Green Economy als ein Green Washing, denn die Aneignung von Ressourcen und ökologischem Gemeingut für privaten Profit verstärkt die sozio-ökologischen Ungleichheiten (Bakker 2010). Die grünen Begründungen dienen als Rechtfertigung für die Vereinnahmung von Land für Nahrungsmittel oder Treibstoff. Dies wird auch als Green Grabbing bezeichnet (Bakker 2010). Der Ansatz der Green Economy ist umstritten, da nicht zuletzt „viele Entwicklungsländer fürchten, dass eine ökologische Umgestaltung der Wirtschaft ein Deckmantel für protektonische Beschränkungen internationalen Handels wird, die die Ungleichheit zwischen reichen und armen Ländern zementiert und Entwicklung behindert" (Brandi 2012: 1).

Kritisiert wird, dass die Industrieländer ihren Wohlstand und ihre Konsummuster beibehalten und ihre „grünen" Innovationen und Technologien bzw. das „gute Gefühl" ökologischer zu handeln, auf dem „Rücken der Entwicklungsländer bzw. des globalen Südens" austragen. Dabei sollte es in Industrieländern viel mehr darum gehen, dass Konsum und Produktion vom Wachstumszwang befreit wird und eine andere Form von Wohlstand erzeugt wird. Kritiker fordern einen Wohlstand, „der das Bedürfnis nach sozialer Anerkennung nicht mit ökonomischem Status verwechselt, der es ermöglicht, die Verwendung der eigenen Lebenszeit nicht vor allem am damit zu erzielenden Verdienst zu orientieren, sondern soziale, ökologische und kulturelle Bedürfnisse gelten lässt" (Scholz 2012:2).

Die „Entdeckung" des Konzeptes der Nachhaltigkeit wird verglichen mit dem Aufkommen der „Idee der Aufklärung seit dem 17. Jahrhundert" (Messner 2012: 1). „Beide Konzepte verlangen letztendlich nach einer umfassenden Neuordnung der Gesellschaft, in denen sie entstanden sind" (Messner 2012, S.1): Kritiker merken somit an, dass der enorme Umfang der angesprochenen Umgestaltung des Wirtschaftssystems zu einer Green Economy oftmals verkannt wird und Zusammenhänge auf zu einfache Aspekte herunter gebrochen werden.

Für viele erscheint der Rückschluss, dass eine ökologische Umgestaltung der Wirtschaft dazu beitragen kann, Armut zu verringern und eine nachhaltige Entwicklung zu erreichen als nicht offensichtlich (Scholz 2012: 1-2). Schwellenländer fällt es oftmals schwer, an eine Vereinbarkeit von ökologischen Interessen (Nachhaltigkeit) und wirtschaftlichem Wachstum zu glauben. Sie sehen einen Zielkonflikt darin, „entweder die heimische Wirtschaft anzukurbeln oder ihre Umwelt zu schützen" (Fona 2012). Die aktuelle Diskussion in Brasilien, „das Waldgesetz zu lockern, um mehr Flächen für Ackerbau und Viehzucht nutzen zu können", oder das Gesetz in seiner ursprünglichen Form beizubehalten, um den Waldbestand zu sichern gilt hier als ein passendes Beispiel (Fona 2012). Der dynamische Anstieg des Umweltverbrauches, der den Wohlstandzuwachs der letzten 20 Jahre begleitet erwirkt immer wieder Zweifel daran, dass Wirtschaftswachstum und Ressourcenverbrauch entkoppelt werden können (Scholz 2012: 1-2).

Bei Betrachtung des Klimawandels erscheint eine Entkopplung von Wirtschaftswachstum und Ressourcenverbauch auch in den Entwicklungsländern als wünschenswert, „denn würden die Schwellen- und Entwicklungsländer genauso viel CO_2 pro Einwohner ausstoßen wie die Industriestaaten, wären die Auswirkungen auf die globale Erwärmung noch größer als ohnehin erwartet" (Fona 2012).

Energiefragen werden somit immer mehr zu „existentiellen und politischen Grundsatzfragen von globaler Bedeutung" (Fraunholz & Pulla 2008: 63), die einen so enormen Umfang besitzen, dass deren auch nur ansatzweiße Erläuterung den Rahmen dieser Arbeit sprengen würde. Dennoch möchte im folgenden Kapitel der Versuch getätigt werden, zumindest einige Eckpunkte der Green Economy anhand des Beispiels der Biokraftstoffe aufzuzeigen.

5. Erklärungs- und Kritikansatz der Green Economy am Beispiel der Biokraftstoffe

Biokraftstoffe bzw. der Anbau von Energiepflanzen können als ein gutes Beispiel für den Diskurs über die Green Economy und die Kritik an dieser (Green Washing und Green Grapping) aufgeführt werden. Die Thematik um den Konflikt „Teller, Trog oder Tank?" im Zusammenhang mit Green Economy ist hochaktuell und Gegenstand zahlreicher Debatten in Politik, Forschung, Industrie und immer häufiger auch in der Zivilgesellschaft (Hönicke & Meischner 2009: 5).

Der Natur (dem Produktionsfaktor Boden oder der angebauten Energiepflanze wie Mais, Raps etc.) wird ein Wert als Ware oder auch Ressource zugesprochen. Der Wert dieser „natürlichen" Ware ergibt sich aus dem globalen Diskurs über sie: So würde die

Biokraftstoffproduktion bzw. der Anbau von Energiepflanzen nicht gefördert werden, wenn kein wissenschaftlich-politischer Diskurs über den Klimawandel existieren würde.

„Kraftstoffe aus erneuerbaren Ressourcen werden gegenwärtig als klimafreundliche Lösung für den drohenden Treibstoffmangel aufgrund der zur Neige gehenden fossilen Brennstoffe angesehen" (Hönicke & Meischner 2009: 5). Industrieländer sind bemüht den CO_2-Ausstoß (im Transportsektor) zu reduzieren und fördern daher den weltweiten Anbau von Energiepflanzen um daraus Biokraftstoffe herzustellen. So scheint es, dass das ökologische Interesse (weniger CO_2-Ausstoß) mit wirtschaftlichem Wachstum durchaus verbunden werden kann. Denn der Anbau von Biokraftstoffen, sowohl im eigenen Land als auch in fremden Ländern (eventuell auch durch „Land-Grabbing") fördert internationalen Handel und „kurbelt" die Wirtschaft an. Durch die Förderung der Biokraftstoffe wird zudem das Ziel der Green Economy - eine nachhaltige Entwicklung – bestärkt.

Energiepflanzen und deren Verwendung wurde Klimafreundlichkeit und Nachhaltigkeit nachgewiesen, und somit auch in der breiten Öffentlichkeit die dafür oftmals notwendige Landakquisition legitimiert. Eine grüne Begründung dient somit als Rechtfertigung für die Vereinnahmung von Land für Nahrungs- und Futtermitteln, sowie für die Treibstoffherstellung und wird von den Kritikern als Green Grabbing bezeichnet. Landgrabbing und auch Nahrungsmittelkrisen im globalen Süden stehen hier als eklatante Beispiele. Zudem sollte auch hier weitergedacht werden: Die Natur als Ware oder Ressource, wie z.B. nachwachsende Rohstoffe dürfen auch hier nicht überstrapaziert werden (peak soil?) (pressetext 2012).
Kritiker merken hier aber die Problematik des Green Washing an: Unter dem „grünen" Mantel" der Verwendung von Biokraftstoff werden die eigenen Konsum- bzw. Verhaltensmuster nicht hinterfragt und weitreichernde Auswirkungen des Anbaus, wie z.B. soziale Konsequenzen nicht beachtet. Die Nutzung von Transportmöglichkeiten an sich wird nicht verändert, sondern nur der Treibstoff dafür erscheint grüner. Die Industrieländer besitzen ein gutes „grünes" Gewissen, tragen diese „grüne" Entwicklung aber auf dem Rücken anderer, dem des globalen Südens aus.

Der enorme Umfang der Umgestaltung des Wirtschaftssystems zu einer Green Economy wird hier auch oftmals verkannt, so z.B. die langfristigen sozialen Auswirkungen. „Viele Entwicklungsländer fürchten, dass eine ökologische Umgestaltung der Wirtschaft ein Deckmantel für protektonische Beschränkungen internationalen Handels wird, die die Ungleichheit zwischen reichen und armen Ländern zementiert und Entwicklung behindert" (Brandi 2012: 1). Durch die Aneignung von Ressourcen (diesmal nicht von fossilen sondern von nachwachsenden) und von ökologischen Gemeingut für den privaten Profit können die sozio-ökologischen Ungleichheiten (Bakker 2010) verstärken. So wäre dann, in Verbindung mit der auch möglichen Überstrapazierung nachwachsender Rohstoffe, eine nachhaltige Entwicklung doch nicht gegeben.

Die Green Economy verfolgt Ziele der nachhaltigen Entwicklung, wie z.B. die Stabilität von Ökosystemen (z.b. Regenwälder, Meere und Wüsten) und Klimaschutz. Dieser Klimaschutz ist aber nicht nur Aufgabe der Industrieländer, sondern auch der Entwicklungsländer. Es ist aber auch unbestritten, dass die Wirtschaftskraft der armen Länder gestärkt werden muss. Die Entwicklungsländer sollen am Wohlstand der Industrienationen teilhaben, sollen aber die Fehler der Industrieländer nicht wiederholen. Dafür möchte ihnen die Green Economy einen „grünen Weg" vorschlagen (pressetext 2012). Auch für Entwicklungsländer gilt die Notwendigkeit einer „grünen Transformation", die sie aber vermutlich nicht ohne die Unterstützung der reicheren Länder vollziehen können (pressetext 2012). Daher wird von den Befürwortern der Green Economy die Förderung von erneuerbaren Energien bzw. von Biokraftstoffen vor allem in Entwicklungsländern und auch rohstoffarmen Staaten als eine große Chance angesehen. Biokraftstoffe gelten als Motor des wirtschaftlichen Wachstums (z.b. werden Arbeitsplätze geschaffen), sie mindern die Abhängigkeit von fossilen Energieträgern (GIZ 2012) und unterstützen den Klimaschutz. Entwicklungsländern erscheint es durch den Anbau von Biokraftstoffen möglich zu sein, das zukünftige Wachstum in der Wirtschaft direkt ökologisch gestalten zu können. Auch Entwicklungsländer sollen in Zukunft möglichst kohlenstoffarm, ressourceneffizient und sozial umfassend wirtschaften" können (UNEP 2009a, zit. n. Öfse 2010: 53).

Aber auch hier können Kritiker die Punkte des Green Washing und Green Grapping anführen: Neben der ökologischen und wirtschaftlichen Nachhaltigkeit wird wieder die soziale Nachhaltigkeit vergessen, denn die Maßnahmen gehen an der lokalen Bevölkerung vorbei, die Implementierung von Biokraftstoffen funktioniert nicht so einfach, wie es dargestellt wird, Folgekonsequenzen bzw. Auswirkungen werden verkannt. Hier wird ein Umdenken statt der Einführung von Technik gefordert (pressetext 2012).

Es stellt keine Lösung dar, sich durch die Ökonomisierung anderer Ökosysteme (Green Grapping) der Verantwortung von fehlender Nachhaltigkeit zu entledigen (pressetext 2012).

Wie auch schon oben angesprochen, wird von Kritikern ein Umdenken gefordert, welches im nächsten kapitel noch einmal genauer erläutert wird.

6. Zusammenfassung und Ausblick

Die in der Sitzung der Referatsgruppe genannte und auch in dieser Seminararbeit aufgeführte Fragestellung kann nicht zufriedenstellend beantwortet werden. Sie dient lediglich als Denkanstoß, um die unterschiedlichsten Facetten des Diskurses zu erkennen. Die aufgeführte Fragestellung verlangt eine sehr genaue Betrachtung vieler unterschiedlichster Aspekte, die den Rahmen dieser Arbeit sprengen würden.

Die Erläuterung von Green Economy und das Aufzeigen der Kritik an dieser anhand des Beispiels der zunehmenden Herstellung von Biokraftstoffen kann auch nur ansatzweiße den enormen Umfang dieser Problematik und den Diskurs darum aufzeigen.

Zu beachten ist bei der Thematik, dass Green Economy mehrere Teilaspekte umfasst, und nicht nur den der Energie bzw. Ressourcen, sondern auch die Betrachtung der Produktion bzw. Finanzmärkte (z.b. ob das Kapitel für „grünes" Investment vorhanden ist), Arbeit (das diese z.b. im Sinne der Gesellschaft ausgeübt wird) und Konsum (z.b. dass „grüne" Produkte gefördert werden). Die Wahrscheinlichkeit bei einer Befragung von Stakeholdern aus den soeben genannten Teilbereichen Produktion, Arbeit, Finanzen und Konsum über deren Vorstellung von Green Economy, differente Antworten zu erhalten ist äußerst hoch. Aufgabe ist es, diese unterschiedlichen Bilder der Green Economy zu einer Zielvorstellung zusammenzufügen und diese dann durchführen zu können.

Festzuhalten ist, dass die Auswirkungen der Biokraftstoffproduktion auf die Höhe und Volatilität von Nahrungsmittelpreisen in zahlreichen Studien untersucht worden ist, und es daher mittlerweile als unumstritten gilt, „dass die zusätzliche Nachfrage nach Agrarrohstoffen durch entsprechende Förderpolitiken in den USA und in der EU, gepaart mit anderen Faktoren (Ernteausfälle, Finanzspekulation, Klimawandel) bereits zu Agrarpreissteigerungen beigetragen hat" (BMZ 2011: 10). Erkenntlich erscheint auch, dass durch die Förderung der „grünen" Kraftstoffe, die zwar weniger CO_2 ausstoßen als ihre fossilen Konkurrenten, durch Kultivierung von ungenutzten (aber dennoch für die Natur wichtigen) Flächen oder auch durch Abholzen von Wäldern an „anderen Ecken" ökologisches Verhalten ignoriert wurde. Die Betrachtung der sozialen Konsequenzen geht in der Debatte auch oftmals verloren.

Biokraftstoffe zeigen ganz deutlich, dass die von der Green Economy angesprochene Vereinbarkeit von ökologischem Interesse und wirtschaftlichem Wachstum, was zusammen zu einer nachhaltigen Entwicklung führen kann, nicht ganz so einfach herzustellen ist, wie es bei anfänglicher Betrachtung erscheint. Green Economy besitzt, wie schon soeben oben erwähnt, zu viele Teilbereiche um sie auf einzelne Aspekte reduzieren und dann daraufhin auch bewerten zu können, gleich ob in die negative oder positive Richtung. Ernstzunehmende Akteure sind sich aber alle einig, dass ein schlichtes „weiter so" bei Betrachtung des fortschreitenden Klimawandels und der nötigen zukünftigen Ernährungssicherung nicht möglich ist (Messner 2012, S.2) und Lösungsansätze gebildet werden müssen.

Es sind mehrere Lösungsansätze vorhanden, um den Konflikt um die Herstellung von Biokraftstoffen zu entschärfen:

Die verstärkte Forschung und Verbesserung der Technologie zur Gewinnung von Biokraftstoffen aus der 2. Generation (Biomass-to-Liquid-Treibstoffe, BtL) stellt eine mögliche Idee dar: „Moderne Verfahren der Treibstoffsynthese verarbeiten auch Biomasse, die nicht zum Verzehr geeignet sind. So können Hackschnitzel aus der Holzwirtschaft, Stroh und Abfälle über den Weg der Vergasung mit anschließender […] Synthese zu Treibstoffen verarbeitet werden. Natürlich sind diese Ausgangsstoffe keine Gewähr zur Verhinderung von Monokulturen und Plantagenwirtschaft, aber sie greifen zunächst nicht auf wertvolles Getreide zurück" (Fraunholz & Pulla 2008: 66), und weisen bessere Klima bzw. Umweltbilanzen auf. Aber auch hier kann es zu einer Ausweitung von

Flächen für die Biokraftstoffproduktion und dadurch zu einer direkten Landnutzungsänderung (Green Grabbing) und auch zu Green Washing kommen (BMZ 2011: 17).

Ein weiterer Lösungsansatz erscheint gegenüber der technologischen Verbesserung abstrakter und verlangt nach einer Auseinandersetzung mit der Green Economy. Kritiker befürchten nämlich, die Green Economy wäre ein „Trick" neue grüne Märkte mit der Akzeptanz der Bevölkerung zu erschließen und steht dieser daher sehr skeptisch gegenüber. Für sie erscheint das Wirtschaften „business as usual", nur mit einer anderen Legitimation. Sie hinterfragen, ob das ökologische Verhalten der Industrieländer nicht „auf dem Rücken des globalen Südens" ausgetragen wird und ob es in den Industrieländern nicht eher darum gehen sollte, „Konsum und Produktion vom Wachstumszwang zu befreien und andere Formen von Wohlstand zu erreichen. Ein Wohlstand, der das Bedürfnis nach sozialer Anerkennung nicht mit ökonomischen Status verwechselt, der es ermöglicht, die Verwendung der eigenen Lebenszeit nicht vor allem am damit zu erzielenden Verdienst zu orientieren, sondern soziale, ökologische und kulturelle Bedürfnisse gelten lässt" (Scholz 2012:2). Die Natur sollte nicht wirtschaftlich „ausgeschlachtet" werden. Die Ich-bezogene Logik sollte geändert, neue Maßstäbe gesetzt werden. Die Erkenntnis muss durchgesetzt werden, dass die Natur uns nicht zu Diensten steht sondern von uns geschützt werden sollte. Hier wird ganz klar ein Umdenken anstatt die Einführung oder Verbesserung von Technik gefordert.

Ein weiterer Ansatz könnte es sein, die Idee bzw. das Grundgerüst der Green Economy anzunehmen, und diese durch intensive Forschung und Diskurserweiterung zu verbessern bzw. zu verfeinern. Vielleicht erscheint es in den nächsten Jahren als möglich, durch zahlreiche Bestrebungen die unterschiedlichsten Lösungsansätze der Green Economy zu einer Zielvorstellung umzuwandeln, die den Entwicklungsländern die Angst vor dieser nehmen kann. Auf der vergangenen Rio-Konferenz wurde ebenso festgehalten, dass eine grüne Weltwirtschaft benötigt wird, diese Green Economy wurde auch besprochen aber keine Alternativen zu dieser aufgeführt. Daher wird davon gesprochen, dass die „Erdkonferenz" von 1992 als Meilenstein angesehen wird, während die Ergebnisse der „Rio plus 20" „es nur in die Fußnote der „Geschichte der Nachhaltigkeit"" schaffen werden (Messner 2012, S.1). Aber dennoch: Konferenzen wie die in Rio haben dazu geführt, dass die Nachhaltigkeitsdebatte und die Diskussion um Green Economy gefördert werden, und dies auch in der breiten Öffentlichkeit (BMZ 2011: 17). Der Bevölkerung wird dadurch hoffentlich die Angst vor einer grünen Finanzpolitik genommen und dies kann den Prozess fördern, eines Tages die Transformation zur Nachhaltigkeit wirklich zu erreichen...

7. Quellenverzeichnis

[ama 2012]:

Agrarmarkt Austria (2012): Marktinformation der AgrarMarktAustria. OEDCD-FAO-Agricultural Outlook 2012-2021. Studie Juli 2012. Kapitel 3: Biokraftstoffe. Wien.

http://www.ama.at/Portal.Node/ama/public/?gentics.rm=PCP&gentics.pm=gti_full&p.conte ntid=10008.103631&Kapitel_3_BIOKRAFTSTOFFE_2012.pdf (29.08.2012).

[Bakker 2010]:

Bakker, Karen (2010): The limits of "neoliberal natures": Debating green neoliberalism. In: Progress in Human Geography 34 (6): 715-735. Canada.

http://phg.sagepub.com/content/34/6/715.full.pdf+html (28.09.2012).

[BMZ 2011]:

Bundesministerium für wirtschaftliche Zusammenarbeit und Entwicklung (2011): Biokraftstoffe- Chancen und Risiken für Entwicklungsländer. BMZ-Strategiepapier 14/2011. Berlin/Bonn.

http://www.bmz.de/de/publikationen/reihen/strategiepapiere/Strategiepapier314_14_2011. pdf (28.08.2012).

[BMZ 2012]:

Bundesministerium für wirtschaftliche Zusammenarbeit und Entwicklung (2012): Investitionen in Land und das Phänomen des „Land-Grabbing". Herausforderungen für die Entwicklungspolitik. BMZ-Strategiepapier 2/2012. Berlin/Bonn.

http://www.bmz.de/de/publikationen/reihen/strategiepapiere/Strategiepapier316_2_2012.p df (29.08.2012).

[BMZ 2012b]:

Bundesministerium für wirtschaftliche Zusammenarbeit und Entwicklung (2012): Rio-Konferenz 2012.Vorbereitungen auf die Entwicklungskonferenz 2012 in Rio. Berlin/Bonn.

http://www.bmz.de/de/was_wir_machen/themen/umwelt/biodiversitaet/grundlagen/rio2012 /index.html (29.08.2012).

[Brandi 2012]:

Brandi, Clara (2012): Gründer Handel für nachhaltige Entwicklung? Risiken und Chancen auf dem Weg in eine Green Economy. Deutsches Institut für Entwicklungspolitik (DIE). Die aktuelle Kolumne vom 06.08.2012. Bonn.

http://www.die-gdi.de/CMS-Homepage/openwebcms3.nsf/Prozent28ynDK_contentByKeyProzent29/RHIZ-8WWG5H?Open&nav=expandProzent3APublikationen\MitarbeiterProzent20sonstigeProzent3BactiveProzent3APublikationen\MitarbeiterProzent20sonstige\RHIZ-8WWG5H (29.08.2012)

[Bühler 2010]:

Bühler, Tobias (2010): Biokraftstoffe der ersten und zweiten Generation. Eine umwelt- und innovationsökonomische Potentialanalyse. Reihe Nachhaltigkeit. Band 28. Diplomica Verlag GmbH. Hamburg.

[bpb 2008]:

Bundeszentrale für politische Bildung (2008): Den Raps im Tank. Biosp(i)rit. Ein Rollenspiel zu den Chancen und Risiken alternativer Kraftstoffe. Klimawandeln. Methodenbaustein. Bonn.

http://www.bpb.de/veranstaltungen/netzwerke/teamglobal/67519/rollenspiel-biospirit (29.08.2012).

[bpb 2012]:

Bundeszentrale für politische Bildung (2012): Debatte um Bioenergie und Lebensmittelpreise. Bonn.

http://www.bpb.de/politik/hintergrund-aktuell/142729/debatte-bioenergie-und-lebensmittelpreise (28.08.2012).

[Exner 2011]:

Exner, Andreas (2011): Ökologische und soziale Folgen der Biomasseproduktion für energetische Zwecke. Die Situation in (potenziellen) Exportländern mit Fokus auf den globalen Süden und dem Fallbeispiel Tanzania. Arbeitspaket 2- Globale und regionale Rahmenbedingungen. Studie „Save our surface". Im Auftrag des österreichischen Klima- und Energiefonds. Klagenfurt.

http://www.umweltbuero-klagenfurt.at/sos/wp-
content/uploads/Teilbericht_4a_Biomasse_Exner_Schlussversion.pdf (28.09.2012).

[FAO 2010]:

Food and Agriculture Organization of the United Nations. Economic and Social
Development Departement (2010): Global hunger declining, but still unacceptably high.
International hunger targets difficult to reach. September 2010. Rom.

http://www.fao.org/docrep/012/al390e/al390e00.pdf (29.08.2012).

[Fairhead et al. 2012]:

Fairhead, J.; Leach, M; Scoones, I. (2012): Green Grabbing: a new appropriation of
nature? Journal of Peasant Studies 39 (2): 237-261. o.O.

http://www.tandfonline.com/doi/pdf/10.1080/03066150.2012.671770 (28.09.2012).

[Fraunholz & Pulla 2008]:

Fraunholz, Uwe & Pulla, Ralf (2008): Treibstoff für Mägen und Motoren.
Technikhistorische Anmerkungen zur Konstruktion von Ungleichheiten. Wissenschaftliche
Zeitschrift der Technischen Universität Dresden 57. Heft 3-4: Ungleichheiten. Dresden.

http://www.qucosa.de/fileadmin/data/qucosa/documents/129/1226570301950-9203.pdf
(28.08.2012).

[Fritsche et al. 2005]:

Fritsche, Uwe; Hünecke, Katja; Wiegmann, Kirsten (2005): Kriterien zur Bewertung des
Pflanzenanbaus zur Gewinnung von Biokraftstoffen in Entwicklungsländern unter
ökologischen, sozialen und wirtschaftlichen Gesichtspunkten. Kurzgutachten im Auftrag
des Bundesministeriums für wirtschaftliche Zusammenarbeit und Entwicklung (BMZ).
Öko-Institut e.V. Darmstadt. Freiburg.

http://www.oeko.de/oekodoc/232/2004-023-de.pdf (28.09.2012).

[GIZ 2012]:

Deutsche Gesellschaft für Internationale Zusammenarbeit GmbH (2012): Bonner Perspektiven. Ein frischer Blick auf Nachhaltigkeit. Bonn.

http://www.bonn-perspectives.de/de/start.html (29.08.2012).

[Hönicke & Meischner 2009]:

Hönicke, Mireille & Meischner, Tabea (2009): Landwirtschaft für Tank, Teller oder Trog. Der Anbau von Agrarkraftstoffen und die Folgen für die Ernährungssicherung in Brasilien und Tansania. Eine Studie des Forums für Internationale Agrarpolitik FIA e.V. (BUKO Agrar Koordination). Hamburg.

http://www.agrarkoordination.de/fileadmin/dateiupload/PDF-Dateien/Buko_Agrar_Studie_FIA_e.V._ES.pdf (29.08.2012).

[Messner 2012]:

Messner, Dirk (2012): Rio plus 20 wird bald vergessen sein - das Paradigma der Nachhaltigkeit nicht. Deutsches Institut für Entwicklungspolitik (DIE). Die aktuelle Kolumne vom 02.07.2012. Bonn.

http://www.die-gdi.de/CMS-Homepage/openwebcms3.nsf/Prozent28ynDK_contentByKeyProzent29/RHIZ-8VTA7U (28.08.2012).

[Öfse 2010]:

Österreichische Forschungsstiftung für Internationale Entwicklung. Österreichische Entwicklungspolitik (2010): Krisen und Entwicklung. Analysen. Informationen. Ausgabe 2010. 1. Auflage. Wien.

http://www.oefse.at/Downloads/publikationen/oeepol/OEPOL2010.pdf#page=54 (28.08.2010).

[pressetext 2012]:

Pressetext Nachrichtenagentur GmbH (2012): pte 20120619015 Umwelt/Energie, Unternehmen/Finanzen: Green Economy verabsäumt soziale Nachhaltigkeit. Entwicklungsexperte: „Erde ist kein Perpetuum mobile". Rio. Brighton. Berlin

http://www.pressetext.com/news/20120619015 (28.08.2012).

[RZ 2012]:

Rhein-Hunsrück-Zeitung (2012): Wie die Produktion von Biosprit den Hunger in der Welt verschärft. Jahrgang 67. Ausgabe 183 (08.August 2012). Seite 6. Koblenz.

[Scholz 2012]:

Scholz, Imme (2012): Green Economy- Versprechen oder reale Chance für nachhaltige Entwicklung? Deutsches Institut für Entwicklungspolitik. Die aktuelle Kolumne vom 29.05.2012. Bonn.

http://www.die-gdi.de/CMS-Homepage/openwebcms3.nsf/Prozent28ynDK_contentByKeyProzent29/RHIZ-8URA3J?Open (29.08.2012).

[Widengard 2012]:

Widengard, Marie (2011): Biofuel Governance: a matter of discursive and actor intermesh. In: Matondi, P.B., Havnevik, K. & A. Beyene (Hrsg.): Biofuels, land grabbing and food security in Africa: 44-59. Uppsala, London, New York: Zed Books.